海 洋 动 物 探 秘 故 事 丛 书

豆丁海马和克氏海马

隋金钊 / 文　　卡森工作室 / 图

海洋出版社

2014 年 · 北京

豆丁海马

　　豆丁海马的原意为侏儒海马，身长一般只有一厘米多，最长不到三厘米，也被人称作侏儒小海马，主要分布在赤道附近海域。

　　第一尾豆丁海马是在1996年被发现的，发现者是澳大利亚新克里多尼亚水族馆的工作人员巴吉邦，因此它被命名为巴氏豆丁海马。

　　常见的豆丁海马有三种，在我国台湾垦丁发现的为"瘤豆丁"，另外两种为"平豆丁"和"棘豆丁"。由于豆丁海马的伪装能力特别强，科学家相信，还有很多新物种尚未被发现。

　　已经发现的豆丁海马有红色、灰色、黄色和白色，它们会随着栖居的柳珊瑚的颜色发生变化。除了改变体表颜色，不同种类的豆丁海马还会产生拟态的变化，把自己藏身在珊瑚丛中。

　　小小的豆丁海马会有什么样的遭遇呢？我们一起来看看吧！

在深15米的加勒比海浅海底，美丽的柳珊瑚无拘无束地伸展着树枝般的羽状触须。长着粉红色皮肤的巴氏豆丁海马夫妇——尼莫和杰西就寄居在这里。随着海流游荡的海兔、扁虫、苏眉、长鼻鹰鱼、紫焰鰕虎鱼、火焰标枪鱼都是两夫妇熟悉的老面孔，而巡航豹纹鲨、狗牙吞拿鱼、西班牙鲭鱼和霸道地蹲坐在柳珊瑚上的蓝环章鱼则经常让胆小的杰西感到阵阵头晕。

为了不被骚扰，尼莫和杰西将自己巧妙地隐藏在粉红色的柳珊瑚间。它们的精妙伪装像精美的艺术作品般挑战着人类的想象力。直到1996年，才有人偶然发现了豆丁海马家族的存在。从那以后，柳珊瑚四周便经常围着一群举着照相机的潜水客，辛苦地在珊瑚中寻找它们的踪迹。

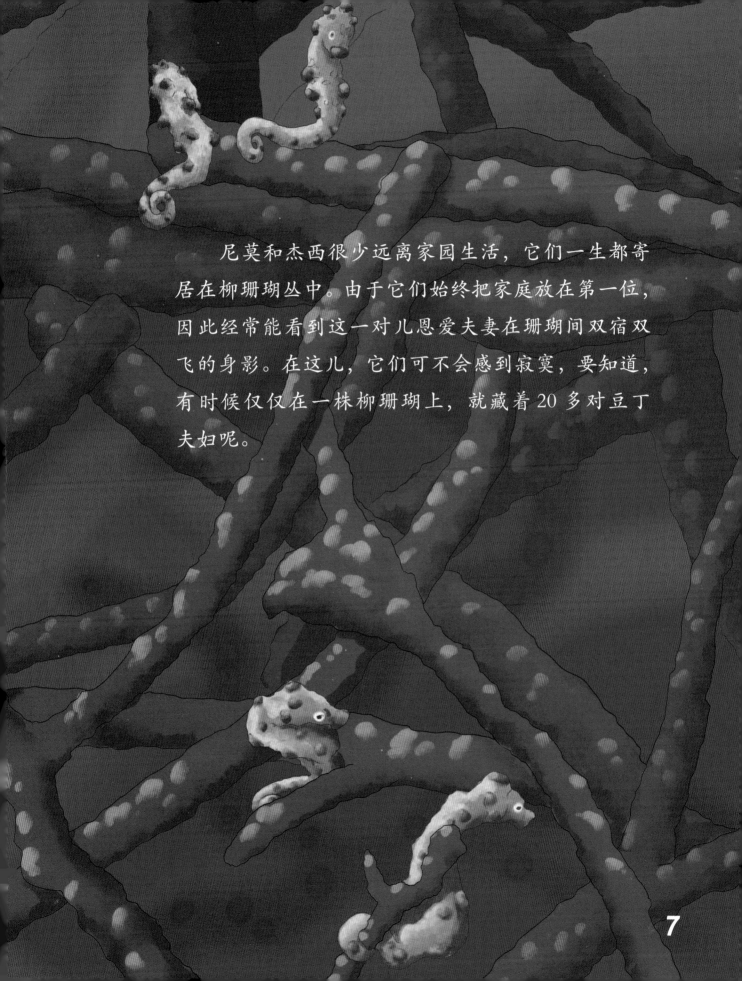

尼莫和杰西很少远离家园生活，它们一生都寄居在柳珊瑚丛中。由于它们始终把家庭放在第一位，因此经常能看到这一对儿恩爱夫妻在珊瑚间双宿双飞的身影。在这儿，它们可不会感到寂寞，要知道，有时候仅仅在一株柳珊瑚上，就藏着20多对豆丁夫妇呢。

8

豆丁海马是海马家族中体型最小的一种，它们从头到尾只有不到三厘米长，经常被误认为是其他海马的小宝宝。但是尼莫和杰西并不介意这一点，它们只关心自己家的周围是不是有丰富的食物、自己的伪装色与凸起的表皮组织是否与宿主柳珊瑚相似。

尼莫和杰西经常肩并肩地紧靠在一起，它们有一双像变色龙般灵活的眼睛，不过在面对面交流的时候会有点小问题。因为对方的眼睛总是一只向前看，另一只向后看。好在夫妇间并没有为这种表面上的分心吵架，它们很清楚，在珊瑚礁这种危险的环境里，灵活的眼睛常常会救自己和对方一条命。

在不同颜色的柳珊瑚上，尼莫和杰西可以凭借体色的变化及硬化成皮状的皮肤来迷惑捕食者。但不管如何巧妙地融入宿主珊瑚的颜色，夫妇俩总能第一时间辨认出彼此。

为了不被横扫珊瑚岛的洋流卷走，尼莫和杰西会用它们那善于抓攀的尾巴紧紧勾住珊瑚的枝节，固定住自己的身体。但是粗心大意的尼莫总会从枝节上掉下来，这时杰西就会松开枝节，用自己的尾巴紧紧勾住尼莫的尾巴，来不及打点行装的夫妇俩就这样结伴开始了一次前途未卜的旅行。

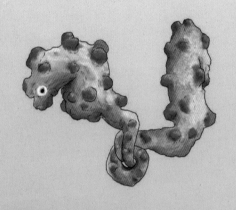

随着海流漂荡的尼莫和杰西惊喜地发现了所有海洋生物都喜欢吃的糠虾，它们像一层薄雾般在珊瑚丛中漂荡。不过只要身边的水纹发出细微波动，受惊的小糠虾就会在瞬间游出相当于自己身长500倍的距离，这速度，就连自诩为陆地奔跑冠军的猎豹也自愧不如。但尼莫和杰西自有办法抓到这些行动迅速的小家伙，行动迟缓的它们所需要做的，就是守株待兔。

一场慢动作的伏击正在珊瑚丛中上演。尼莫和杰西悄悄舞动着背上微小透明的鳍靠近糠虾。四周的水纹几乎死一般平静，它们的猎物看起来毫无防备。当尼莫和杰西将长鼻子末端悄悄移到糠虾身边时，便会用弓形的脖子当弹簧，猛地将它吸进嘴里。这是最成功的狩猎，十来个被偷袭的糠虾中，一般只有一只能侥幸逃脱。

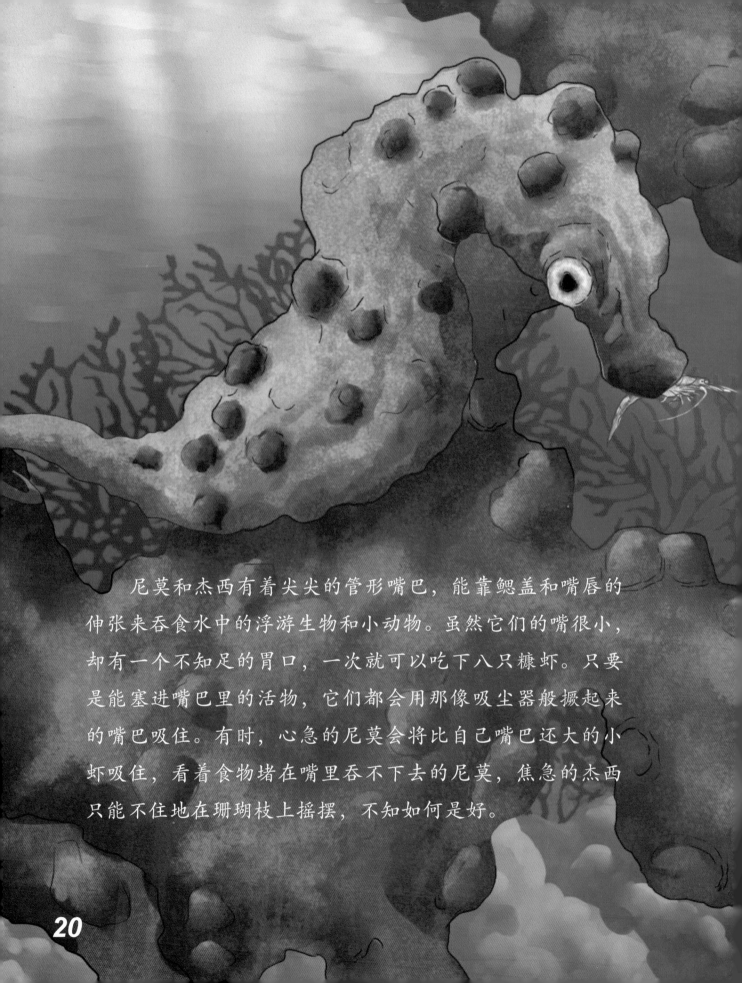

　　尼莫和杰西有着尖尖的管形嘴巴，能靠鳃盖和嘴唇的伸张来吞食水中的浮游生物和小动物。虽然它们的嘴很小，却有一个不知足的胃口，一次就可以吃下八只糠虾。只要是能塞进嘴巴里的活物，它们都会用那像吸尘器般撅起来的嘴巴吸住。有时，心急的尼莫会将比自己嘴巴还大的小虾吸住，看着食物堵在嘴里吞不下去的尼莫，焦急的杰西只能不住地在珊瑚枝上摇摆，不知如何是好。

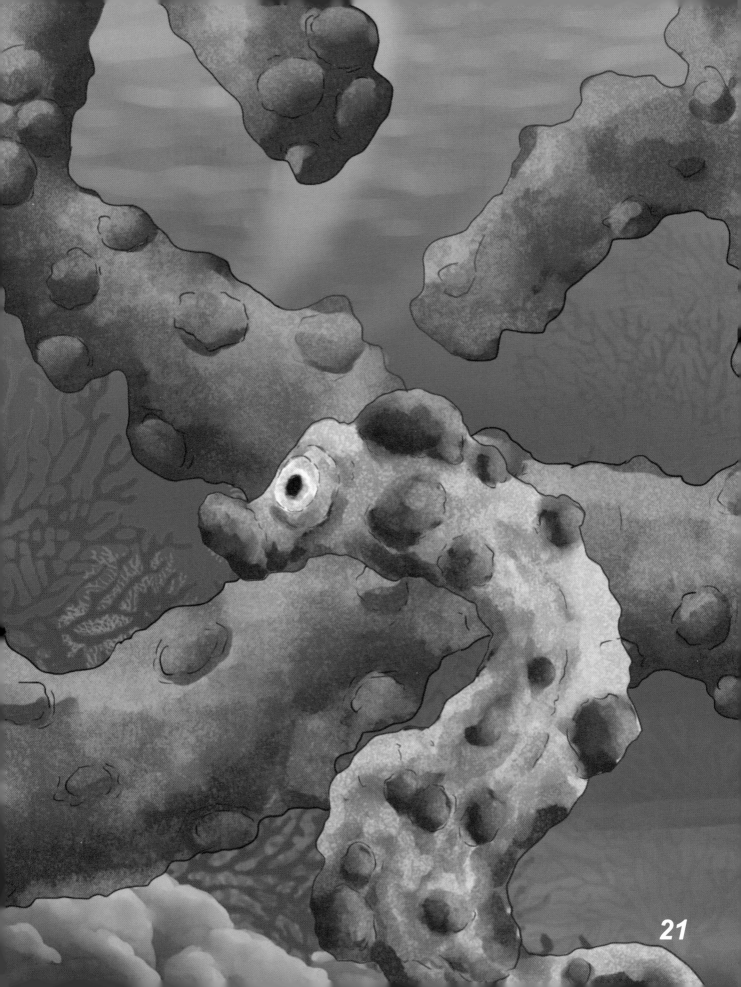

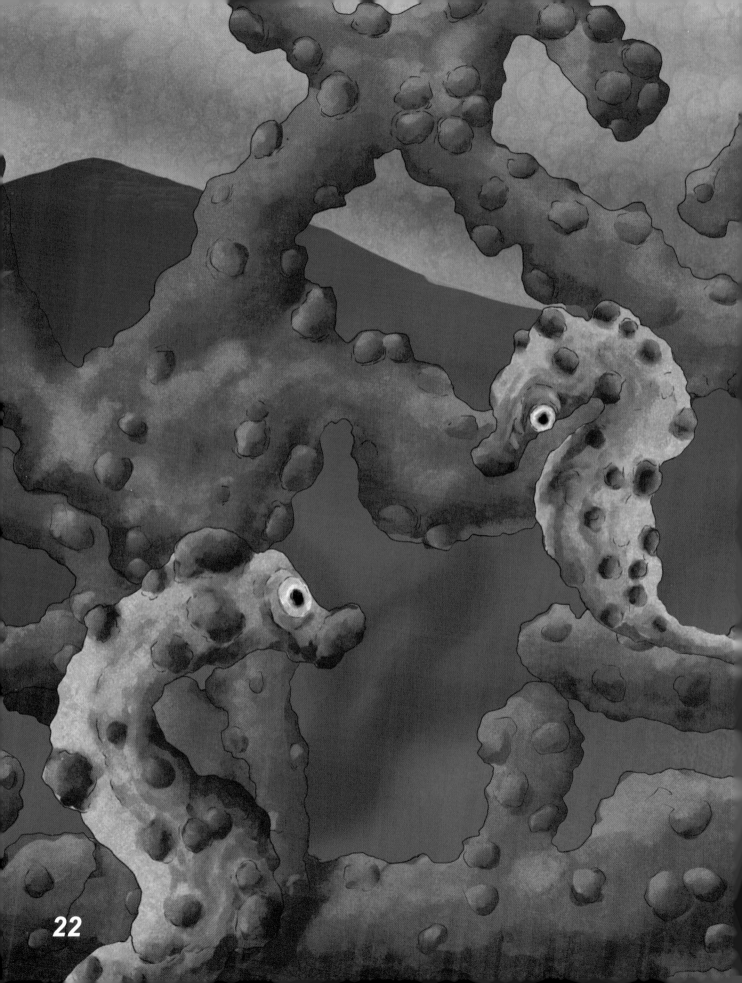

"咯咯……咯咯……"如果仔细聆听的话，你可以听到尼莫呼救的声音。豆丁海马在水质变劣、氧气不足或受敌害侵袭时，便会收缩喉咙的肌肉发出这种可怜的响声。呼救了一分钟之后，当杰西以为尼莫即将沉入海底死去时，东碰西撞的尼莫终于将小虾吐了出来。看着到嘴的猎物重获自由，尼莫遗憾地低下了头。

饱餐之后的尼莫和杰西喜欢在柳珊瑚的枝杈间散步，在海流的帮助下，它们就像没睡醒的猴子，东倒西歪地用尾巴附在柳珊瑚的枝杈上慢慢移动。由于豆丁海马独特的身体结构，它们在水中游动的方式不同于一般鱼类。尽管它们的背鳍会像蜂鸟的翅膀一样快速地抖动，但前进的速度还是非常缓慢。失眠的小鱼非常喜欢看它们散步，这是一种很好的睡前催眠。

尼莫和杰西纤细的身体上长着巨大的球茎形突起，这身装扮若是在平坦的海床或其他地方，绝对是吸引眼球的新潮装束。但到了柳珊瑚的世界里，就变成了它们的隐身服。不过，不知为什么，近些年来，海水的温度明显升高了。过于温暖的海水使不少柳珊瑚逐渐漂白并死亡，这对尼莫和杰西而言是一种新的威胁。

尼莫和杰西面临的危机还远不止这些。看一看这片已经变得光秃秃的海域吧，它是一些贪婪的人留下的"杰作"。豆丁海马夫妇去哪里了？谁也不知道，谁也不在乎……■

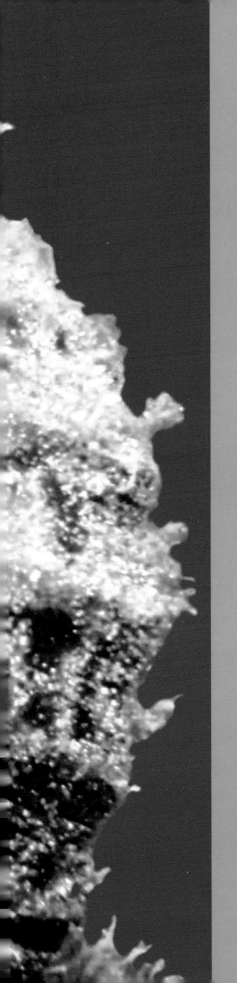

克氏海马

克氏海马也叫做大海马、琉球海马、浅纹海马，是一种生活在近海的暖水性小型鱼类。克氏海马主要分布于印度－太平洋区，包括东非、红海、巴基斯坦、中国、日本、菲律宾、越南、澳大利亚等海域。

克氏海马是体形最大的一种海马，它们的头部形状酷似马头，尖端生有五个短小的棘，颈部转了一个弯，使头与侧扁形的躯干形成直角。克氏海马的躯干部骨环是七棱形的，尾部骨环呈四棱形，尾部细长而卷曲。它们的身体外表呈淡黄色，体侧长有不规则的白色线状斑点，没有大多数鱼类具有的鳞片。

克氏海马生活在海藻丛或珊瑚礁丛繁茂的地带。游泳时，它们头朝上立于海水中，依靠扇动背鳍和胸鳍直升直降、缓缓而行，有时也会靠尾部的屈伸呈弹跳状前进。停歇时，它们常常用尾端缠附在海藻的茎枝上、珊瑚枝上或海中的漂浮物上，使敌害误认为它是海藻等的一个组成部分，从而免遭侵袭。

快和我们一起看看克氏海马的故事吧！

　　不同种类的海马喜欢生活在各不相同的自然环境中。在红海沿岸红树林树根的迷宫中，克氏海马霍金正筹划着生儿育女。这里和不远处的海草森林是许多海马梦寐以求的栖息地，但捕食者也比其他任何地方都多，为了让后代幸存下来，霍金要做到独树一帜才行。

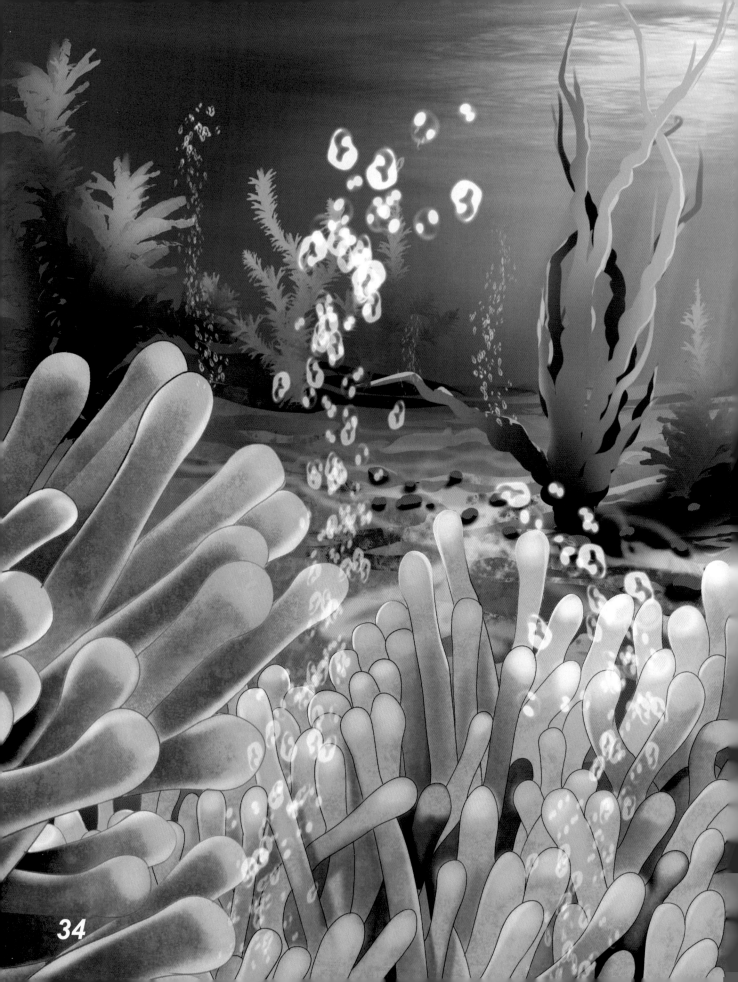

和小巧的巴氏豆丁海马不同，霍金没有肉质的头部和身体，它长着像马一样长的脸，像大象鼻子一样灵巧的尾巴以及和袋鼠不相上下的育儿袋。全身被骨状铠甲覆盖着的克氏海马看起来外形古怪，它是海马家族中体形最大的成员。

霍金找到了意中人芭比，虽然它既没有婀娜的身材，也没有像鱼一样的鳞片，但它和霍金看起来就像国际象棋里用木头雕成的马一样精美。对于海马夫妇来说，孕育后代是霍金的任务。当霍金开始追求芭比时，它腹部的皮肤便会充血，使尾部和腹部两侧的皮褶联合成一个奇特的育儿袋，上面还有一个专供海马宝宝出入的小孔。

芭比在海草上结识了霍金之后，从第二天开始，它们跳起了清晨问候舞。这是克氏海马最喜欢的舞蹈，在六分钟的舞蹈时间里，它们会优雅地转着圈儿，身体的颜色也会逐渐由柔和变得愈发鲜艳。这种舞蹈每天的清晨都会上演，会一直跳到霍金孕育出海马宝宝的那一天。

　　就在霍金与芭比欢乐地翩翩起舞时，一只鳐鱼从远处游过来，正虎视眈眈地搜索着美味的食物。如果霍金和芭比跳得太忘我，忽略了潜藏的危险，就有可能被馋嘴的鳐鱼一口吞下。鳐鱼出击的速度无与伦比，它咬一口只需要41毫秒，可以说是快如闪电。

除了鳐鱼，狗鱼和剑鱼也酷爱捕食克氏海马。芭比和霍金要想躲避这些行动敏捷的天敌，只能边跳舞边不住地打量着四周。分心经常会导致将舞伴跳丢的尴尬事件，但聪明的芭比很快便想到了办法，在共舞正酣时，它会用尾巴紧紧勾住霍金的尾巴，即使共舞变成了一同在海底打着滚儿也不肯松开。

跳了几天清晨问候舞之后，霍金终于鼓足勇气向芭比求婚。它用尾巴勾在一根很漂亮的海草茎上面，开始殷勤地向芭比展示自己洁白无瑕的育儿袋，那看起来像青蛙鼓起的白肚皮般的育儿袋在芭比的眼里魅力十足。没多久，它便欣然接受了霍金的邀请，用尾巴握住海草茎，像跳水下芭蕾一样，和霍金一起既彬彬有礼又不紧不慢地围着水草旋转。

持续几个小时的共舞之后，芭比决定将自己宝贵的卵托付给霍金照料。海马每次产卵从几十个到一千多个不等，一旦移交了卵之后，它的体重便会立刻减轻三分之一。从这一刻起，芭比和霍金便正式"晋升"为海马妈妈和爸爸了。

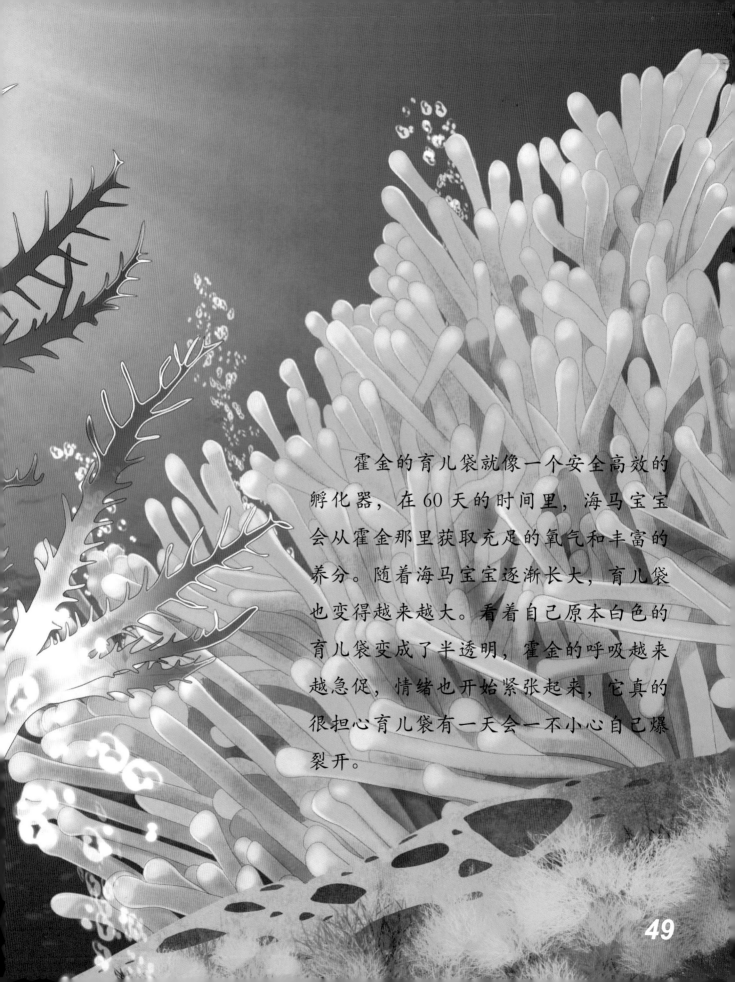

霍金的育儿袋就像一个安全高效的孵化器，在60天的时间里，海马宝宝会从霍金那里获取充足的氧气和丰富的养分。随着海马宝宝逐渐长大，育儿袋也变得越来越大。看着自己原本白色的育儿袋变成了半透明，霍金的呼吸越来越急促，情绪也开始紧张起来，它真的很担心育儿袋有一天会一不小心自己爆裂开。

当海马宝宝在育儿袋里孵化成功后，它们还要继续在那里面待上一段时间。外面的世界太危险了，到处都是从深海游回来产卵的天敌。产卵让它们消耗了太多的能量，数量又多又美味的海马宝宝，正是它们梦寐以求的美餐。大腹便便的霍金还要继续忍受行动不便的折磨，直至适合海马宝宝出生的时机到来。

这一刻终于来临了，已经迁移到较浅海域的霍金和其他海马爸爸们即将生下自己的宝宝。对于一直忍受着疼痛的霍金而言，这可不是件容易的事儿。在接下来的几个小时里，它扭曲着身体不断撞击海草，直到黎明时分，像不倒翁一般前俯后仰的霍金，才将海马宝宝从育儿袋里喷了出来。一团团的海马宝宝像礼花般在海中绽放，霍金历时两个月的辛苦终于得到了回报。

　　一旦海马宝宝从育儿袋里孵化出来，霍金就不会再照顾它们了，因为它要养精蓄锐准备再次生育宝宝。

　　新生的海马宝宝像是缩小版的霍金和芭比。它们白色透明的身体有九毫米长，一出生就能吃浮游生物。不过它们的首要任务是努力潜到海底，用尾巴抓住任何一根容易攀附的海草，只有这样，弱小的身躯才不会被海流冲跑。它们是如此急切地想固定住身体，甚至有时会将自己的兄弟姐妹当做海草抓住。

当新生的海马宝宝与海流搏斗时，危险已经在身边降临。寄居在红珊瑚上的糖果蟹邻居正高举着双钳准备偷袭它们。糖果蟹的样子很像晶莹剔透的糖果，但它吃起海马宝宝来可算得上心狠手辣。很多初生的海马宝宝连海草的样子都没见过，就成了它的美餐。

和糖果蟹、剑鱼、狗鱼比起来，海马宝宝们面临的最大威胁却是人类。海洋里海草场、红树林及珊瑚礁等天然栖息地正不断减少，那些艰难长大成年的海马们需要花费很久才能找到合适的海草丛和另一半共舞。如今，它们的水下芭蕾就是在这样的情形下一直顽强地继续舞动着。■

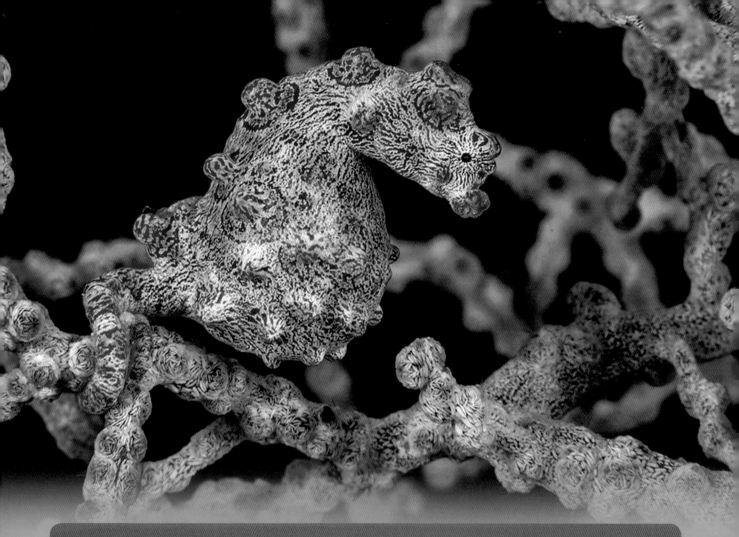

■ 豆丁海马是世界上最小的海马物种之一。

■ 为了找寻豆丁海马的芳踪，带着一支放大镜去潜水的游客大有人在。

■ 成体豆丁海马通常是一对或一大群成对地栖息在柳珊瑚上，人们在单株柳珊瑚上发现豆丁海马的最高纪录为 28 只。

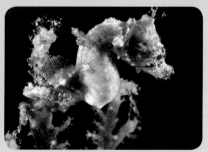

■ 豆丁海马有两种已知的颜色变化：灰色与红色结节、黄色与橙色结节。

■ 由于豆丁海马极佳的伪装外表，所以一直到科学家在实验室研究柳珊瑚时才被发现。人们有理由相信，还有其他类似的物种仍未被发现。

■ 克氏海马的口较小，位于头的前端，口内没有牙齿。

■ 克氏海马觅食的方法是用吸管状的吻突然出击，将猎物连水一起吸进口中，吞到肚子里。

■ 从头部的顶端到尾尖，有一条明显的栉状脊椎。

■ 在希腊神话中，海马是海神的坐骑。它们看上去仿佛是披着铠甲的战马。

■ 克氏海马完全依靠背鳍和胸鳍来进行运动。

■ 克氏海马的眼睛较小，两眼靠得很近，之间的间隔比眼睛的直径还小。

这是一套以接近纪录片的视角，带给你很多新鲜内容的海洋动物故事绘本，你可以从中看到很多未曾关注过的海洋动物的故事。它们从出生、成长，一直到在残酷的自然竞争中立足，都经历过哪些惊心动魄的故事？为了生存下去，它们学习了哪些本领，又遭遇了怎样的险境？还有，它们都有哪些有趣的特征呢？就让我们一起翻开这套书一读为快吧！

感谢卡森工作室成员：李军帅、段金念、李军埔、李智、刘雅丽、王生梅、王哲、张超、张峰、赵斌为本书绘画工作提供帮助。

图书在版编目（CIP）数据

豆丁海马和克氏海马 / 隋金钊文；卡森工作室图 .
-- 北京：海洋出版社，2014.7
（海洋动物探秘故事丛书）
ISBN 978-7-5027-8918-3
Ⅰ . ①豆… Ⅱ . ①隋… ②卡… Ⅲ . ①海马—少儿读
物 Ⅳ . ① Q959.474-49

中国版本图书馆 CIP 数据核字 (2014) 第 144060 号

策划人：屠 强
责任编辑：李津沙
排版设计：马金中
责任印制：赵麟苏

出版发行：海洋出版社
http://www.oceanpress.com.cn
(100081 北京市海淀区大慧寺路 8 号）
发行部：010-62132549 邮购部：010-68038093 总编室：010-62114335
北京旺都印务有限公司印刷 新华书店发行所经销
2014 年 7 月第 1 版 2014 年 7 月第 1 次印刷
开本：889mm×1194mm 1/16 字数：6 千字 印张：4
定价：20.00 元
海洋版图书印、装错误可随时退换